BEI GRIN MACHT SICH IHR WISSEN BEZAHLT

- Wir veröffentlichen Ihre Hausarbeit,
  Bachelor- und Masterarbeit

- Ihr eigenes eBook und Buch -
  weltweit in allen wichtigen Shops

- Verdienen Sie an jedem Verkauf

Jetzt bei www.GRIN.com hochladen und kostenlos publizieren

Jan Hoppe

Ideales Gasgesetz

Protokoll zum Versuch

GRIN Verlag

Bibliografische Information der Deutschen Nationalbibliothek:

Die Deutsche Bibliothek verzeichnet diese Publikation in der Deutschen National-
bibliografie; detaillierte bibliografische Daten sind im Internet über http://dnb.d-
nb.de/ abrufbar.

Impressum:

Copyright © 2008 GRIN Verlag GmbH
Druck und Bindung: Books on Demand GmbH, Norderstedt Germany
ISBN: 978-3-656-36685-0

Dieses Buch bei GRIN:

http://www.grin.com/de/e-book/176201/ideales-gasgesetz

GRIN - Your knowledge has value

Der GRIN Verlag publiziert seit 1998 wissenschaftliche Arbeiten von Studenten, Hochschullehrern und anderen Akademikern als eBook und gedrucktes Buch. Die Verlagswebsite www.grin.com ist die ideale Plattform zur Veröffentlichung von Hausarbeiten, Abschlussarbeiten, wissenschaftlichen Aufsätzen, Dissertationen und Fachbüchern.

Besuchen Sie uns im Internet:

http://www.grin.com/

http://www.facebook.com/grincom

http://www.twitter.com/grin_com

Protokoll zum Versuch: GV Ideale Gasgesetze   (05.02.08)

Theoretische Grundlagen

Im Umgang mit Gasen gelten die gleichen physikalischen Gesetze wie für Newtonsche Mechanik. Da ein Gas jedoch aus sehr vielen Teilchen besteht, macht eine Anwendung der Newtonschen Gesetze jedoch nahezu unmöglich. Daher müssen andere Gesetzmäßigkeiten, bzw. Theorien verwendet werden, um dennoch die physikalischen Zustände von Gasen bestimmen und vorhersagen zu können. Dazu wird die kinetische Gastheorie verwendet. Eine andere Möglichkeit ist die Verwendung der idealen Gasgesetze, um die es in diesem Versuch gehen soll.

Nach dem idealen Gasgesetz kann der Zustand eines Gases eindeutig durch Druck, Volumen und Temperatur bestimmt werden. Nach dem nullten Hauptsatz gilt, dass wenn ein System A mit einem System B und B mit System C im thermodynamischen Gleichgewicht liegen, dann gilt das auch für A und C. Demnach besteht die Möglichkeit, eine der Variablen konstant zu halten und zu überprüfen, wie sich die Änderungen der anderen beiden aufeinander auswirken.

Diese Regel verwendeten Boyle-Mariotte, Gay-Lussac und Charles bei ihren Experimenten mit Gasen. Das Gesetz von Boyle-Mariotte, der die Temperatur konstant hielt, besagt: $pV = konstant$.

Charles fand heraus, dass sich Volumen und Temperatur (bei konstantem Druck) proportional zu einander verhalten: $V \propto T$ oder $\frac{V}{T} = konstant$.

Analog ergibt sich das Gesetz von Gay-Lussac bei konstantem Volumen: $p \propto T$ oder $\frac{p}{T} = konstant$.

Für ein ideales Gas lässt daraus folgender Zusammenhang $pV = nRT$ ableiten, wobei n der Anzahl der Mole entspricht und R für die universalle Gaskonstante steht.

Wenn wir nun für t die Temperatur in °C und für T in Kelvin festlegen (T_0 wäre die Temperatur in Kelvin bei 0°C, also 273,16K), dann kann aus den beiden Gleichungen $pV_0 = nRT_0$ und $pV = nRT$, durch Subtraktion und anschließende Division der Zusammenhang $\frac{p(V-V_0)}{pV_0} = \frac{nR(T-T_0)}{nRT_0}$ gewonnen werden. Durch kürzen und umstellen ergibt sich dann $V = V_0 + V_0 \frac{T-T_0}{T_0}$. Da $T - T_0$ der Temperatur in °C t entspricht, lässt sich die Gleichung auch als $V = V_0 + V_0 \frac{t}{273,16}$.

Für das Gesetz von Gay-Lussac ergibt sich analog $p = p_0 + p_0 \frac{t}{273,16}$ (p_0 entspricht dem Druck bei T_0).

Setzt man α und β gleich $\frac{1}{273,16K}$, dann lassen sich die beiden letzten Gesetze auch als $V = V_0 + V_0 \alpha t$ und $p = p_0 + p_0 \beta t$ schreiben.

Ergänzung: Der Druck wird hierbei über die U-Röhre (siehe Versuchsaufbau) gemessen. Durch die Öffnung auf der einen Seite, verhält es sich wie ein Barometer. Sind beide Säulen auf einer Höhe, wirkt nur der Atmosphärendruck auf das Gas. Wird jedoch eine der Säulen verschoben, kann der Druck vergrößert oder verkleinert werden. Dabei verhält sich der Druck in einem Barometer entsprechen der Gleichung $p = \rho g h$.

Um den Druck in dem Gas unserer Apparatur zu ermitteln, muss entsprechend zu dem Atmosphärendruck noch die Höhendifferenz Δh addiert werden: $p = \rho g h + \rho g \Delta h$.

Versuchsaufbau

Der Aufbau besteht aus einer U-förmigen Röhre (eigentlich 2 Röhren, die über einen Schlauch verbunden sind) mit Quecksilber, die an einer Seite geöffnet ist. In dem geschlossenen Schenkel ist die Gasprobe enthalten. Ebenfalls um diesen Schenkel herum ist eine weitere Glasröhre, durch die Wasser gepumpt werden kann. Dieses kommt aus einem beheizbaren Behälter, so dass die Temperatur der Gasprobe über das Wasser erwärmt werden kann. Mit einem Maßstab kann das Volumen des Gases und der Druckunterschied (Abstand zwischen den beiden Quecksilbersäulen) ermittelt werden.

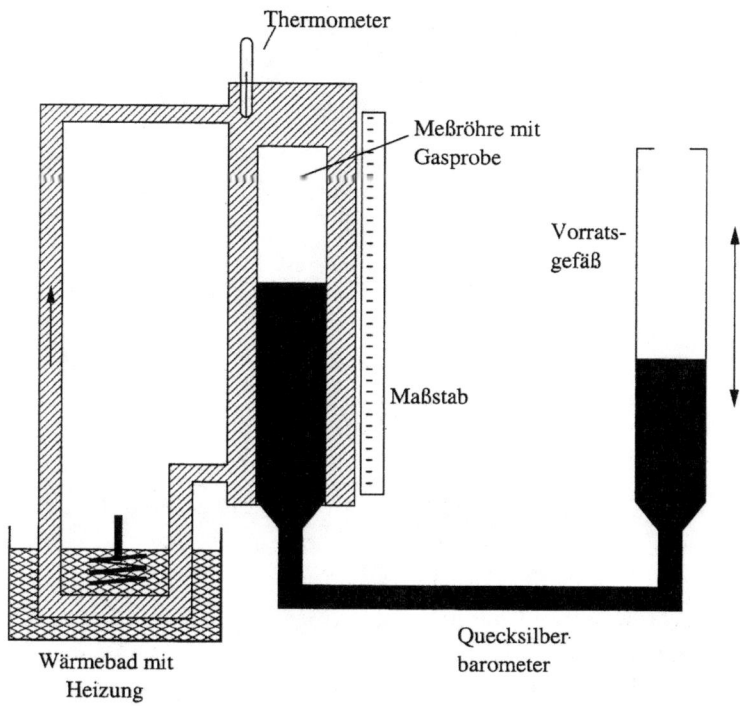

Thermometer

Meßröhre mit Gasprobe

Vorrats- gefäß

Maßstab

Quecksilber- barometer

Wärmebad mit Heizung

(Quelle: Skript S. 59)

Messung bei konstanter Temperatur

Beim ersten Versuch sollte bei Zimmertemperatur der Druck verändert (durch bewegen des offenen Schenkels) und das entsprechende Volumen ermittelt werden.

Bei der Vorbereitung zu diesem Versuch haben wir folgende Werte gemessen, bzw. Fehler angenommen.

Größe	Messwert bzw. Fehler
Zimmertemperatur	19 ± 1°C
Alle anderen Temperaturen	± 1K bzw. 1°C
Luftdruck im Zimmer (in mmHg)	741 ± 3mm
Querschnitt des Gasvolumens	0,000102m²
Höhe des Gasvolumens	± 3mm
Δh	± 6mm

Auf diese Weise erhielten wir folgenden Graphen:

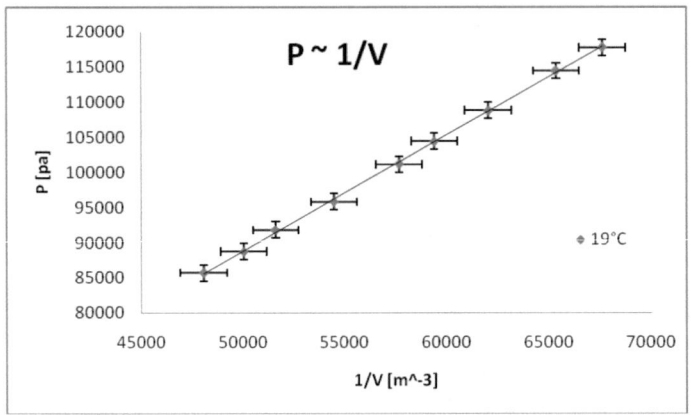

Die Fehler für das Volumen und den Druck wurden nach der Fehlerfortpflanzung nach Gauß ermittelt: $\Delta G = \sqrt{(\frac{\partial G}{\partial x_1} \Delta X_1)^2 + (\frac{\partial G}{\partial x_2} \Delta X_2)^2}$.

Die Regressionsgerade hat folgende Formel: $y = 1{,}649x + 6324$. Der Fehler für die Steigung wurde ebenfalls nach der Fehlerfortpflanzung nach Gauß ermittelt, indem der Fehler für die einzelnen Steigungen berechnet und dann der Mittelwert gebildet wurde, dabei muss beachtet werden, dass diese Vorgehensweise keinen genauen Fehler liefert und mehr einer Näherung gleicht. Auf diese Weise beträgt der Fehler ± 0,329.

Der Fehler für den Schnittpunkt mit der y-Achse wurde mit Excel berechnet (Standardfehler der geschätzten y-Werte für alle x-Werte der Regression). Auf diese Weise erhalten wir folgende Formel für die Regressionsgeraden: $y = (1{,}649 \pm 0{,}041)x + (6324 \pm 274)$.

Messung bei konstantem Druck

Nun wurde die Temperatur des Wasserbehälters erhöht und die Pumpe eingeschaltet. Auf diese Weise wurde das Gas erwärmt. Erst wurden zwei Druckwerte, 114415pa (entspricht Δh = 120mm) und 91824pa (entspricht Δh = -50mm), ausgewählt. Dann wurde bei unterschiedlichen Temperaturen der Druck eingestellt und das resultierende Volumen notiert. Auf diese Weise haben wir die Änderung von Volumen und Temperatur bei konstantem Druck festgehalten:

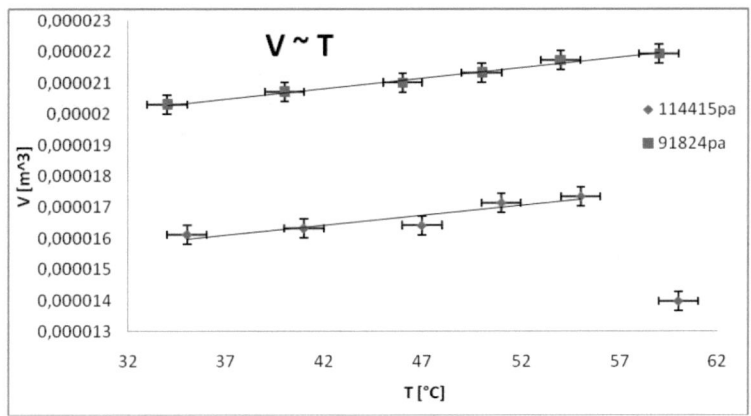

Zunächst wurde der letzte Wert für die Messreihe bei höherem Druck ignoriert. Dieser ist offensichtlich durch einen Schreib- oder Messfehler entstanden.

Wir erhalten hier nun zwei Geradengleichungen der Form $y = mx + b$, die wir gesondert betrachten:

Höherer Druck: Die Regressionsgerade verläuft nach der Gleichung $y = 6{,}3 \cdot 10^{-8}x + 1{,}38 \cdot 10^{-5}$. Analog zur vorherigen Messung wurden die Fehler berechnet, so dass die Gleichung, inklusive der Fehler, nun die Form
$$y = 6{,}3 \cdot 10^{-8}(\pm 1{,}7 \cdot 10^{-8})x + 1{,}38 \cdot 10^{-5}(\pm 2{,}2 \cdot 10^{-7})$$ hat.

Niedrigerer Druck: Die Gleichung mit den in ihr enthaltenen Fehlern lautet
$$y = 6{,}7 \cdot 10^{-8}(\pm 1{,}3 \cdot 10^{-8})x + 1{,}80 \cdot 10^{-5}(\pm 6{,}9 \cdot 10^{-8}).$$

Aus der Steigung können wir nun α bestimmen. Wir haben schon gesehen, dass $V = V_0 + V_0 \alpha t$ gilt. Hier entspricht der erste Summand b und der zweite mx, auf den es uns ankommt. Die Temperatur (und das x) können wir nun weglassen, so dass gilt $m = V_0 \alpha$ oder umgestellt $\alpha = \frac{m}{V_0}$.

Der Fehler für α wird wieder durch die Gaußsche Fehlerfortpflanzung bestimmt (die Fehler der Einzelwerte entsprechen den, die in den Klammern in den Gleichungen stehen). So erhalten wir für den höheren Druck $\alpha_1 = 0{,}0046 \pm 0{,}0012 \frac{1}{K}$ und den niedrigeren $\alpha_1 = 0{,}0037 \pm 0{,}0007 \frac{1}{K}$. Der erwartete Wert ist $\alpha = \frac{1}{273{,}16K} = 0{,}0037 \frac{1}{K}$. Beide Ergebnisse stimmen folglich mit der Erwartung überein.

Messung bei konstantem Volumen

Dieser Teil des Versuches wurde gleichzeitig und auch nahezu Analog zu dem vorherigen durchgeführt. Es wurde bloß anstatt des Drucks das Volumen beibehalten. Daher wurde der Druck nun im Verhältnis zu der sich ändernden Temperatur aufgetragen. Die beiden gewählten Volumina waren $0{,}0000153m^3$ (entspricht h = 150mm) und $0{,}0000194m^3$ (entspricht h = 190mm). Dazu ergaben sich folgende Zusammenhänge:

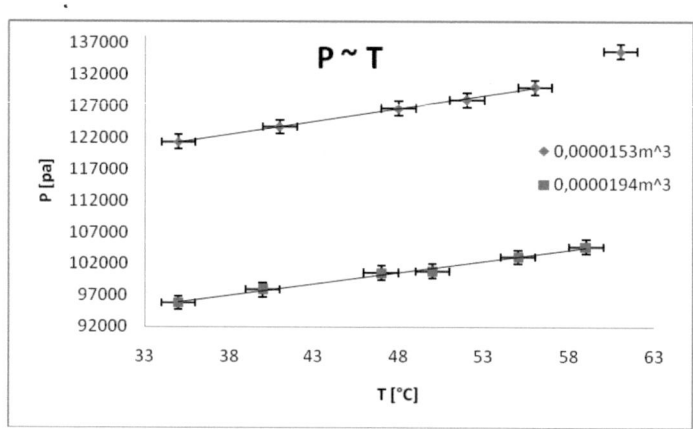

Auch hier musste ein Wert außer Acht gelassen werden. Da dieser Messwert gleichzeitig zu dem falschen Wert der vorherigen Messung aufgenommen wurde, vermuten wir einen Zusammenhang, daher gelten für ihn die gleichen Gründe für seine Fehlerhaftigkeit.

Die beiden Gleichungen sind: Für das kleinere Volumen
$y = 405{,}7(\pm 60{,}8)x + 107097(\pm 61)$ und das größere Volumen
$y = 360{,}4(\pm 53{,}2)x + 83328(\pm 322)$.

Auch hier lässt sich Analog zu vorherigen Messung β bestimmen, nur dass jetzt $\beta = \frac{m}{p_0}$.

Zusammen mit den Fehlern ergibt sich $\beta_1 = 0{,}0038 \pm 0{,}0006 \frac{1}{K}$ und
$\beta_2 = 0{,}0043 \pm 0{,}0006 \frac{1}{K}$. Da auch $\beta = \frac{1}{273{,}16K} = 0{,}0037 \frac{1}{K}$ ist, kann man sehen, dass beide Messwerte gut mit der Erwartung übereinstimmen.

Ermitteln der Molmenge des Gases

Die Anfangs bereits genannte Gleichung $pV = nRT$ lässt sich nach $n = \frac{pV}{RT}$ umstellen. Aus den Steigungen, die wir während des ganzen Versuches ermittelt haben, lässt sich zusammen mit der Gaskonstante die Molmenge des Gases errechnen. Zuerst sollen jedoch alle Steigungen noch einmal dargestellt werden:

Bezeichnung	Messreihe	Steigung	Fehler	Verhältnis
m_1	Konst. Temperatur	1,649	0,329	pV
m_2	Konst. höher p	$6,3 \cdot 10^{-8}$	$1,7 \cdot 10^{-8}$	V/T
m_3	Konst. niedriger p	$6,7 \cdot 10^{-8}$	$1,3 \cdot 10^{-8}$	V/T
m_4	Konst. kleiner V	405,7	60,8	p/T
m_5	Konst. größer V	360,4	53,2	p/T

Alle in der Tabelle genannten Verhältnisse kommen auch in der Formel für n vor, so dass wir die Steigung nur noch um die fehlenden Faktoren (die konstant gehaltenen Zustandsgrößen und die Gaskonstante R) ergänzen müssen. In diesem Fall werden alle Temperaturen in Kelvin umgerechnet: $T(K) = T(°C) + 273,16$.

Auch hier wird die Fehlerfortpflanzung nach Gauß verwendet, um die Unsicherheiten der Ergebnisse zu bestimmen. Wir erhalten:

$n_1 = 0,00068 \pm 0,00014 mol$

$n_2 = 0,00087 \pm 0,00023 mol$

$n_3 = 0,00074 \pm 0,00014 mol$

$n_4 = 0,00075 \pm 0,00011 mol$

$n_5 = 0,00084 \pm 0,00012 mol$

Wie man sieht, gibt es einen bestimmten Bereich, in dem alle Werte miteinander übereinstimmen. Dieser Bereich liegt zwischen 0,00072 und 0,00082mol. Man kann annehmen, dass (wenn unsere Ergebnisse richtig sind) die in dem Behälter wirklich enthaltene Molmenge in diesem Bereich liegt. Da uns ein Erwartungswert fehlt, müssen wir bei dieser Näherung bleiben.

Diskussion

Wir haben die im Theorieteil erwähnten Gesetze von Charles, Gay-Lussac und Boyle-Mariotte verifizieren können. Anhand der Graphen lässt sich zeigen, dass sich die verschiedenen Gesetzte (annähernd) konstant verhalten (wenn die beiden aussortierten Werte ignoriert werden), wenn eine der Zustandsgrößen nicht verändert wird. Auch die Werte für α und β zeigen eine ausreichende Übereinstimmung mit dem erwarteten Wert. Wir können also sagen, dass sich das von uns untersuchte Gas in dem verwendeten Temperaturbereich zumindest näherungsweise wie ein ideales Gas verhält.

Verwendete Literatur:

Giancoli, D. C. (2006) *Physik*, München: Pearson Studium

Werner, U. (2005) *Skript zum Anfängerpraktikum*, Uni Bielefeld